聪颖宝贝科普馆

SENLIN DONGWU

森林动物

段依萍◎编著

辽宁美术出版社

图书在版编目(CIP)数据

聪颖宝贝科普馆.森林动物 / 段依萍编著. —沈阳:
辽宁美术出版社,2020.8
ISBN 978-7-5314-8817-0

Ⅰ.①聪… Ⅱ.①段… Ⅲ.①科学知识—学前教育—
教学参考资料 Ⅳ.①G613.3

中国版本图书馆 CIP 数据核字(2020)第 147656 号

出 版 者:辽宁美术出版社
地 址:沈阳市和平区民族北街 29 号 邮编:110001
发 行 者:辽宁美术出版社
印 刷 者:北京市松源印刷有限公司
开 本:889mm×1194mm 1/16
印 张:6
字 数:40 千字
出版时间:2020 年 8 月第 1 版
印刷时间:2023 年 4 月第 2 次印刷
责任编辑:苍晓东
装帧设计:宋双成
责任校对:郝 刚
书 号:ISBN 978-7-5314-8817-0
定 价:88.00 元

邮购部电话:024-83833008
E-mail:lnmscbs@163.com
http://www.lnmscbs.cn
图书如有印装质量问题请与出版部联系调换
出版部电话:024-23835227

前言
FOREWORD

  森林动物，顾名思义，是依赖森林生物资源和环境来生存的动物，它们在森林中取食、栖息、生存和繁衍。森林动物种类繁多，凡是生活在森林里的动物都可以被称为森林动物。森林动物总量很多，分布在世界上各个角落，和人类关系极其密切，还有很高的经济价值。

  提到森林动物，你首先想到的是什么呢？是威风凛凛的老虎，还是性情温和的羊驼？是调皮可爱的猴子，还是毛茸茸的有大尾巴的松鼠？是憨态可掬的大熊猫，还是长期睡觉的树袋熊？

  翻开这本书，你可以了解神秘的森林，了解森林里那些或可爱，或凶猛的动物的习性。在《森林动物》一书的指引下，我们将走进森林动物世界，踏上一段妙趣横生的旅程。

编　者

目录
CONTENTS

目录
CONTENTS

食物链顶端的虎

虎是亚洲地表最厉害的食肉动物之一,是非常常见的山地林栖动物,被称为"山中之王"。虎的体态雄伟,最大的虎体重接近350公斤。我国有华南虎和东北虎两个亚种。

✎ 食物链顶端的捕食者

从古至今,人们一直对虎充满了畏惧,动物更甚,往往望风而逃,逃不掉就会变成虎的腹中餐。虎头圆尾粗,眼光锐利,嗅觉灵敏,听力卓著,走路生风,虎啸慑人。虎的捕食能力卓越,能上树,会游泳,跑动迅捷,力大勇猛,是被捕食者的噩梦。

✎ "王者"的斑斓皮毛

虎的皮毛颜色多样,全身布满深色条状斑纹。东北虎的毛色多为金底衬黑纹;白虎为白底衬黑纹;金虎为金底衬棕纹;雪虎条纹较浅,毛色雪白;纯白虎更是通体纯白;据传还有黑蓝色性状的虎。虎皮斑纹纵横交汇,前额的黑纹十分像汉字的"王"字,更显现虎的王者气势。

◢ "占地盘"

虎对领地有强烈
的占有意识，每只虎都会占领
一块属于自己的领地，会驱赶其他动
物，它们不允许其他大型食肉动物出现在它
们的地盘。而它们得天独厚的条件，也让
其他的食肉动物退避三舍。

小档案

别称：老虎
科名：猫科
特征：有漂亮的毛色，圆圆的脑袋，宽大的吻部，大眼睛，嘴边长有硬须，硬须为白色间杂有黑色
分布：亚洲、俄罗斯
食物：浆果、大型昆虫、野禽、大型哺乳动物

白唇鹿的长相

　　白唇鹿通体被厚毛，毛质较粗，在不同的季节毛色有变化。白唇鹿唇的周围及下颌均为白毛，故因此得名。在臀部尾巴附近的皮毛有黄色的斑点，因此特征也被称为黄臀鹿，雄性的白唇鹿的角是扁平的，故又称扁角鹿。白唇鹿体长可达 2 米。

爬山高手白唇鹿

　　白唇鹿蹄子宽大，十分适合爬山，甚至裸露的岩石和峭壁也可见它攀爬的身影。白唇鹿爬山时，足部会发出独特的咯嚓声音，有人认为这可能是白唇鹿一种互相联系的方式。白唇鹿的听觉和嗅觉都十分灵敏，平时多在林地和林带边缘活动。

小档案

别称：黄鹿、白鼻鹿、岩鹿、哈马（藏语）

科名：鹿科

特征：等腰三角形的脑袋，宽平的额头，又长又尖的耳朵，又大又深的眶下腺十分明显

分布：青藏高原及其边缘地带的高山草原地区

食物：禾本科和莎草科植物

爬山高手白唇鹿

　　白唇鹿是中国独有的一种动物，在产地被视为"神鹿"。它也是一种古老的物种，它的化石出现在更新世晚期的地层中。

运动健将豹猫

豹猫的毛有各种各样的颜色；根据不同地域长有不同颜色的皮毛，南方多为黄色豹猫，北方是银灰色的豹猫。豹猫的胸部和腹部是白色的毛。

形态特征

豹猫头是圆形的，四条棕褐色的条纹均衡地从头部延伸到肩部，两只眼睛的内缘长有白纹，耳背后有淡黄色的斑，背上长着浅棕色的皮毛，上面有着各种深浅不一的斑点，胸腹部以及四肢内侧的皮毛是白色的，尾部和背部有一些褐色的斑点，尾巴末端是黑色的。

亚种的巨大差别

豹猫的个子并不大，和家猫差不多，但是不同品种之间的差距却非常明显，比如印度尼西亚的豹猫体长只有 45 厘米，尾巴的长度为 20 厘米，但是西伯利亚的豹猫身体却有 60 厘米长，尾巴长有 40 厘米。

豹猫的居住地

豹猫会给自己建造小窝，一般选择树洞、土洞等地点。它很喜欢攀爬，在树上如履平地。豹猫白天无活动，清晨、傍晚以及夜晚活动较多。豹猫一般单独行动，也有成对活动的豹猫。豹猫攀爬能力强，游水能力非常好，它们的觅食范围可以扩展到水塘等邻水的地方。

小档案

别称：狸子、野猫、山狸、麻狸、石虎、铜钱猫

科名：猫科

特征：圆圆的脑袋上有一个短吻，又大又圆的眼睛，小巧的耳朵，身上布满浅棕色中带着棕褐色斑点

分布：亚洲、俄罗斯

食物：小型哺乳动物、鱼类、啮齿类、鸟类、爬行类动物

体态娇小的北小麝鼩

　　北小麝鼩体态娇小，只比乒乓球大一点，重量也和乒乓球差不多，是世界上最小的哺乳动物。

小档案

科名：鼩鼱科
特征：脑袋、背部、四肢以及尾巴都是棕褐色的，有纤细的头骨，不太长的吻部
分布：亚欧大陆、非洲等地
食物：昆虫

10

📎 名字的由来

北小麝鼩的名字十分独特，它名字的由来与自身的特点是分不开的。北小麝鼩属于麝鼩类动物，原主要生活在欧洲，靠近北半球北部，体量又小，就有了"北小"的称号。

📎 保命的体味

北小麝鼩如此弱小，为什么却没有什么动物觊觎它呢？因为它们有着独特的保命体味。它们的腺体会分泌一种古怪的味道，这种味道十分难闻，除了猫头鹰，其他动物没有不嫌弃的，所以北小麝鼩可以肆意地行动。

📎 饭量惊人的北小麝鼩

北小麝鼩每天主要的活动就是寻找食物，它们一天之内可以进食自己体重2—3倍的食物，等到了冬天，它们几乎所有的活动都是进食。它们这种习性是为了保持体温，它们的体温高达40℃以上，是哺乳动物中最高的。它们必须通过不断进食来增加热量，如果断粮的话，它们就会迅速死亡。

鼻子发声的长鼻猴

长鼻猴因为鼻子长而得名的。它们的鼻子在猴中最长，即使在灵长类动物中，也是最长的，堪称猴中之最。

猴中之最——鼻子

长鼻猴的鼻子又大又长。长鼻猴的鼻子是辨别其性别的一大要点。长鼻猴的鼻子不仅长，而且可以发声，发声时，平时自然下垂的鼻子会鼓起来且挺起，颜色呈紫色，发出的声音独特，类似喇叭声。雄猴在争斗中会用鼻子发声作为"警告"。

小档案

别称：天狗猴

科名：猴科

特征：腹部较大，消化系统分几个部分来消化树叶；前肢有 5 个指头，后肢有 5 个趾头，都有扁平的指甲，且能直立

分布：加里曼丹

食物：红树林的芽及嫩叶、水果、种子

猴中之最——游泳技能

　　长鼻猴的游泳技能十分强大,因为它们的趾像鸭子一样长有蹼,它们是灵长类动物中唯一有蹼的动物。长鼻猴的生活环境让它们有时需要到河中捕食,它们会用前肢试探水深,也能够用前肢涉水前行。

猴中之最——体重

　　长鼻猴的体形巨大,是世界上最重的猴子之一。长鼻猴的肚子很大,人们常将雄猴误认为是怀孕的雌猴。它们的肚子是怎么形成的呢? 一方面是因为长鼻猴食量巨大,另一方面是长鼻猴的食物十分粗糙,消化这些粗糙的食物就需要一个惊人的胃。

喜欢"唱歌"的长臂猿

长臂猿的生活模式是小家庭式的，它们一个家庭里一般有3到5个家庭成员，实行一夫一妻制。

动作灵敏的长臂猿

长臂猿是一种行动十分敏捷的类人猿。长臂猿的四肢修长，直立时上肢可触及地面，它们是形体最小的类人猿。一般一个家庭聚集在一起。

长臂猿的"看家本领"

长臂猿行动速度极快，这全靠它的看家本领，也就是臂荡。生活在东南亚的杂技长臂猿尤其擅长于此，它们的臂荡动作多变，姿态飘逸。杂技长臂猿平时很少在地面活动，它们经常在树梢枝头荡来荡去。

科名:长臂猿科

特征:纤细的身体,肩膀宽,臀部窄,短腿,脚掌比手掌短,脚的趾关节也较短,没有尾巴,直立时身高不超过 0.9 米

分布:南亚、东南亚

食物:多种嫩树叶、芽、花苞、热带水果等

"歌唱家"

　　每天早晨,长臂猿们都要进行一次"晨间大合唱",它们的声音会传出很远。它们喜欢"唱歌",尤其喜欢大家共同参加。

独居的赤鹿

赤鹿是独居动物，生性胆小，是夜行动物。活动、觅食时间多在夜间、清晨或黄昏。

别称：婆罗洲红鹿、印度鹿、吠鹿、南红鹿、红鹿
科名：鹿科
特征：三角形的头骨，前窄后宽的鼻骨，前颌骨和上颌骨在鼻骨的中部连接，前半部分中央凹陷的额骨侧缘嵌在鼻骨与泪骨围成的圈中
分布：中国、东南亚
食物：农作物、植物的叶、嫩枝、花和果实

"V"形额腺的赤麂

赤麂脸上有一条明显又独特的额腺。赤麂脸部较长，额腺分布在眼眶下至角分叉处，两者最后交叉成"V"形。

谨慎小心的赤麂

赤麂白昼基本不活动，极少发出叫声，多藏在密林或草丛中，因此不易被人发现。如非必须，赤麂在白天不会出来觅食。当它出现时，就会放轻脚步，缓慢行走，不会发出一般走兽走动时可能发出的声音。

偷吃的赤麂

赤麂也会如野猪或豪猪那样，偶尔偷吃庄稼，比如各种豆科植物。但因为赤麂天性胆小，危害并不大，所以人们若想防止赤麂破坏庄稼，只需要在农田的地面上安装自动敲击器即可。

脱毛的貂熊

貂熊一年会换两次毛,分别在秋季和春季,冬季毛色较深,夏季毛色较浅。貂熊的皮毛厚重,有很好的保温效果。貂熊的皮毛颜色会与它所处环境保持一致,这也保护了它的安全。

生性贪吃的貂熊

貂熊有棕褐色的体毛,因其身体侧方向后沿臀周有一片状似"月牙"的淡黄色宽带纹状体毛,所以又叫"月熊"。

小档案

别称:土狗子、掌熊、飞熊、狼獾、月熊、熊貂

科名:鼬科

特征:大脑袋,小耳朵,弯曲的背部,短健的四肢、有长而直却不能弯曲的爪子,粗大的丛穗状的尾巴呈黑褐色,向下垂着

分布:北亚、北欧、北美

食物:林木浆果、鸟类、啮齿类、有蹄类动物等

贪吃的貂熊

貂熊的拉丁学名本意是"贪吃",这是因为貂熊确实十分贪吃。貂熊食谱驳杂,驯鹿、马鹿等食草动物的雌兽和幼仔,狐狸、狍子、鼠类等均在貂熊的菜单内。貂熊爱吃蜂蜜,也吃蘑菇、松子或林木浆果等植物。

分泌臭液的貂熊

　　貂熊的天敌很少，而且貂熊有特殊的防御手段，它们的臭腺非常旺盛，有时候还可对抗天敌。有些时候，貂熊会主动沾上臭液，将臭味遍布全身，在敌方无从下口的时候便趁机逃之夭夭。貂熊还会利用尿液来保存食物。貂熊在晚上活动，它们有非常敏锐的视觉，不过嗅觉稍逊。

不好惹的豪猪

我们可以很容易在穿山甲和白蚁的旧洞穴里发现豪猪的踪迹，豪猪有时候也自行挖掘洞穴供自己居住。它们一般昼伏夜出，有较为固定的活动路线。

一身尖刺的豪猪

　　豪猪的肉质鲜美，对大型食肉动物来说，无疑是一道精美的菜肴。然而动物们除非是饥不择食了，否则很少会打豪猪的主意。这主要是因为它们忌惮豪猪身上的尖刺。当豪猪感觉受到威胁时，它身上的两万多根尖刺就会发出"嘎嘎"的响声，用以警告那些不怀好意的攻击者；如果对方不为所动的话，豪猪就会用刺对着对方冲过去。豪猪的刺很难拔出来，而且易引起伤口感染，给伤者带来巨大的痛苦，甚至导致死亡。

攀爬能手

　　豪猪在亚非欧大陆和美洲大陆广泛分布，不过不同大陆生活的豪猪生活习惯不同，亚非欧大陆的豪猪喜欢在地面生活；美洲的豪猪却练就了爬树的本事，它们非常喜欢爬树；生活在南美的豪猪还能用尾巴缠住树枝，因此得名"卷尾树豪猪"。

浑身是宝的豪猪

　　豪猪几乎全身可以入药，能够治疗多种疾病，因此它在很多国家都被列为保护动物。

小档案

别称：霍奇森豪猪、尼泊尔豪猪、中国豪猪
科名：豪猪科
特征：身体为棕褐色，全身长满又长又硬的空心的棘刺，裸露在外的耳朵覆盖有少量的白色的短绒毛
分布：亚洲、欧洲、非洲、美洲
食物：根、块茎、树皮、果实、草本植物

爱搞破坏的浣熊

浣熊是一种体重较轻，体形较小的夜行动物。它们的触觉敏锐，有冬眠的习惯，会在入冬前储存脂肪。一般生活在树木茂盛同时又靠近水源的地方。

小档案

别称：皮皮熊、食物小偷
科名：浣熊科
特征：偏圆的耳朵上方的毛是白色的，身体的颜色一般是灰色，有深有浅，但也有少数体色为棕色和黑色、淡黄色，甚至是白色的
分布：大部分在美洲
食物：坚果、水果、蠕虫、鱼、昆虫、两栖动物

🔖 爱干净的浣熊

浣熊有"清洁食物"的习惯。它们在食用食物前，会将食物浸水浣洗，这也是它得名的原因。浣熊主要依靠爪子捕食，它们的爪子十分灵敏，能感受到猎物的体形、重量等。它们可以在水中抓捕鱼虾等动物，是捕鱼高手呢。

浣熊喜欢潮湿的地方，一般会在树上打洞居住，它们的寿命较短，一般只有不到十年。

🔖 搞破坏的浣熊

在北美洲，浣熊会做一些"坏事"。它们偶尔会闯入民宅，调皮捣蛋。它们翻来翻去，开冰箱，开罐子。它们偷吃食物，大快朵颐，活脱脱一个入室抢劫的"小强盗"。

善于攀爬的黄喉貂

山地森林或丘陵地带的树洞及岩洞中，人们经常能发现黄喉貂的生活踪迹。黄喉貂行动敏捷，攀爬树木、陡岩如履平地。

小档案

别称：黄腰狐狸、黄腰狸、蜜狗、青鼬

科名：鼬科

特征：尖细的三角形的脑袋，圆圆的耳朵，短小的四肢很有力量，前后肢分别有 5 个弯曲粗壮的趾，十分尖利

分布：东亚、东南亚、俄罗斯外东北地区

食物：鱼类、昆虫、小型鸟兽等

名字的由来

黄喉貂体毛颜色非常丰富,躯干和头尾是暗棕色,腹部呈灰褐色,在喉部和胸部却长满了鲜黄色的皮毛,腰部是黄褐色的皮毛,边缘是黑色的线条,所以被叫作"黄喉貂"。黄喉貂皮毛柔软、紧密。

食肉的黄喉貂

黄喉貂非常喜欢吃肉,它不仅吃昆虫,也吃鱼类,小型鸟兽、大型的野鸡也在它的菜单内。黄喉貂经常抓捕松鼠,还可合群捕杀大型兽类。

敏捷的黄喉貂

黄喉貂动作迅速,捕食凶猛。当黄喉貂听到响动时会立即停下脚步精心搜索,有时会跳到树上观察动静,如果发现是自己菜谱内的食物,黄喉貂就会迅速扑杀对方。黄喉貂运动细胞发达,在跑动过程中还能长距离跳跃。

"仰面朝天"的金丝猴

金丝猴毛色光亮,性情温和,是我国的国宝。它们尾巴很长,几乎与体长相等,模样特别可爱。

仰面朝天的鼻孔

金丝猴虽然因体色得名,但这并不是分辨金丝猴的依据,金丝猴最突出的特征是它们形状奇特的鼻孔。金丝猴的鼻子退化得十分厉害,它们没有鼻梁,嘴唇上面只有两个"仰面朝天"的窟窿。因此,金丝猴又得名"仰鼻猴"。

金丝猴的大群体

金丝猴喜欢群居,它们集中居住,像一个大家庭,分为家庭单元和全雄单元两种,家庭单元是由一只公猴和大量母猴组成的,公猴作为家长,母猴带着大量的后代一起生活;全雄单元里全部是公猴,可能存在各种种类的猴子。

金丝猴的"语言"

金丝猴如所有灵长类动物一样,是一种非常聪明的动物,它们有自己的"语言"。生活在神农架地区的金丝猴会使用简单的"语言"与同伴交流,不同的音调和叫声象征着不同的"语言"。

别称：仰鼻猴

科名：猴科

特征：大大的鼻孔向上翘着，厚厚的嘴唇，没有
颊囊

分布：中国、越南北部

食物：苔藓、浆果、竹笋、鸟蛋

别称: 无尾熊、树懒熊、考拉、可拉熊
科名: 树袋熊科
特征: 长得像小熊一样,身上的灰褐色短毛又厚又软,胸部、腹部、四肢内侧和内耳皮毛呈灰白色
分布: 澳大利亚
食物: 桉树的叶子和嫩枝

不喝水的树袋熊

树袋熊是澳大利亚特产的珍稀动物,更是澳大利亚的国宝,它们生活在树上,同袋鼠一样,它们也有育儿袋。

不喝水的树袋熊

树袋熊从出生到死亡几乎都不会喝水,这也是它土著名字"考拉"的由来,"考拉"在当地语言中就是"不喝水"的意思。树袋熊不喝水是因为它们喜欢吃桉树叶,而桉树叶中富含丰富的水分,它们凭借桉树叶可以获取所需的90%的水分。

懒惰的树袋熊

树袋熊没有尾巴,样子长得与熊相似,又得名无尾熊。树袋熊体长不到一米,身披厚厚的毛,圆脸大眼睛,胖乎乎的十分可爱。树袋熊还有个绰号,叫"树懒熊"。它们除非必须的情况,几乎不做运动,即使动起来的动作也十分缓慢。它们每天四分之三的时间都用在睡觉上,当它们睡醒了,活动范围依然在树上,趴着或者坐着。

蜂猴脚趾的奥秘

在动物死去之后，一般情况下会全身放松，失去对四肢的控制。而蜂猴却不然，在被猎人打死之后，它的脚趾反而会紧抓住树枝不放，并不会掉落到地面。这就是它神奇的抓握能力。

懒得出奇的蜂猴

蜂猴可以一生在树上生活，它不爱下地，喜欢独立生活。它的动作非常缓慢，只有受到攻击时才会稍微加快速度，故又名"懒猴"。

小档案

别称: 风狸、畏羞猫、懒猴、平猴、拟猴

科名: 懒猴科

特征: 毛茸茸的头部，小小的耳朵隐藏其中，又大又圆的眼睛，粗短的四肢都一样长，短短的尾巴隐藏在浓密的毛发中

分布: 东亚、南亚、东南亚

食物: 鸟蛋、蜂蜜、鲜嫩的花朵、叶子和浆果

懒得出奇的蜂猴

　　蜂猴不爱运动，位置几乎不发生变动，从早到晚躺在树杈上睡觉。蜂猴浑身长满了藻类植物和地衣，这也成为它的"保护伞"，天空中以眼力著称的鹰也无法发现它。

　　蜂猴的懒不仅体现在它不运动，就连受到其他动物攻击时，也无法让它行动起来。有人曾目睹过这样的一幕：一只豹子咬了蜂猴一口，蜂猴在受到攻击后，缓慢地转头，对豹子发出了它独特的叫声，身体却丝毫没有移动。

历史悠久的狼

在童话故事里，狼经常以坏蛋的形象出现，故事里的它们凶残可怕，残忍成性，面目可憎。

✎ 斗争激烈的种群

狼是群居动物，有着十分严格的等级制度。在狼群中，狼王和王后是整个狼群的首领。狼群对狼王非常尊敬，他们会用肢体语言表示臣服。

狼的家庭观念很重，群体中的小狼有着超然的地位，除了父母的细心呵护，其他成员也对它们关爱备至。

古老的狼

狼已经在地球上存在 500 万年了。狼对环境的适应能力极强，它们可以忍受酷暑，也能忍耐严寒，甚至很长时间的饥饿都无法打倒它们。

狼有很好的耐力，它们的综合能力很强，听觉、嗅觉、视觉都堪称一流。

狼的捕猎方式

狼群捕猎的方式是围攻，一旦猎物被狼群锁定，狼群全体成员会共同合作，猎物逃生的可能性很小。

小档案

别称：豺狼、野狼、灰狼
科名：犬科
特征：尖形的头腭，脸部相对较长，突出的鼻端，尖尖的耳朵直立着，修长的四肢
分布：亚洲、中东地区、欧洲、北美洲
食物：牲畜、熊、鹿等大型动物

鬣羚的生活环境

鬣羚多在针阔混交林、针叶林以及杂灌林活动,偶尔出没于草原。地势险峻、林丛茂密是鬣羚生活环境的两个突出特点。

鬣羚的生活习性

鬣羚平时出没的地方均为悬崖峭壁或是茂密的树林。鬣羚生活规律,觅食多沿着固定的小路,休息及排便地一般也是固定的。鬣羚夏季喜欢在僻静的地方休息,如岩石间、树下等;到了冬季,一般藏在岩洞中。

飞檐走壁的鬣羚

鬣羚最拿手的就是跳跃和攀登,无论是在乱石怪岩,还是在溪谷河流,抑或是在悬崖绝壁,均能行动自如,如履平地。

鬣羚独特的角

鬣羚均有角，呈黑色，短而尖，表面光滑，形状简单。两角距离较远，自额骨后部长出，在两个耳朵中间。鬣羚角长一般在20—26厘米，在喜马拉雅山区测量所得目前鬣羚角中最长的记录为32.4厘米。

小档案

别称：四不像、岩驴、山驴子、明鬃羊、苏门羚

科名：牛科

特征：身体覆盖着又稀疏又粗硬的黑褐色毛，其中夹杂着灰褐色毛，毛干由基部至末端颜色逐渐变浅，颈部有长毛，为白色

分布：中国、东南亚

食物：青草、松萝、菌、树木的嫩枝、叶、芽、落果

35

伶鼬的繁殖

伶鼬的寿命在十年左右。母兽发情期是一整年,妊娠期约一个月,哺乳期大概 50 天,一年怀孕一到两次。伶鼬每胎 3—7 只, 最多可达 12 只。幼仔 4 个月达到性成熟状态。

变换"外套"的伶鼬

伶鼬一般生活在干燥的地区,小型啮齿类动物是它们的主要食物。

🔖 伶鼬的习性

　　伶鼬属于食肉动物，经常捕食鼠类或鸟类，它们一般在白天觅食。伶鼬的行动迅捷，视觉、听觉和嗅觉都很灵敏。伶鼬有固定的猎食区域，在食物不充足的情况下，才会离开它们的生活范围。伶鼬常常入侵动物的巢，也会居住在其他隐蔽场所，如岩洞、草丛和土穴中。

🔖 伶鼬的毛

　　伶鼬的体毛冬夏两季有些区别，它们冬季会换上白色的"外套"；到了夏季，它们脱下白色"冬装"，换上褐色或咖啡色的"外套"。

小档案

别称：倭伶鼬、白鼠、银鼠
科名：鼬科
特征：细长的身体上毛色会变化，夏天时背部被褐色或咖啡色毛，腹部是白色的，冬天时全身为白色，四肢短小
分布：亚洲、非洲、北美洲、欧洲
食物：小型啮齿类动物

马鹿白天活动频繁,黎明前后更是活动的高峰期。马鹿的食物多达数百种,主食为乔木、灌木等木本植物,马鹿经常饮用矿泉水、舔食多盐的湿地,甚至食用其中的烂泥。马鹿在不同的季节和地理条件下会经常变换生活环境。隐蔽条件是否优越、水源和食物是否丰富是它们选择生活环境的重要参考,但马鹿一般不会进行远距离的水平迁徙。它特别喜欢灌丛、草地等环境。在食物匮乏的时候,荒漠、芦苇草地及农田也是它们可能选择的生存之地。

黎明活动的马鹿

马鹿是大型鹿类的一种,体长近两米,成年雄性马鹿体重最多有200公斤,雌性的体重比雄性少四分之一。

大角马鹿

雄性马鹿有很大的角。马鹿群体中，只有雄性有角，雌鹿仅有隆起的嵴突。马鹿的体重越大，角就越大。马鹿的角又被称为"对门叉"，因为它们的第二角叉距离比较短，两个紧靠一起。雄性的角一般有 6 或 8 个叉，个别可达 9—10 叉。这也是将它们和梅花鹿以及白唇鹿区别开来的主要特征。

小档案

别称：八叉鹿、红鹿、欧洲马鹿、赤鹿、黄臀赤鹿

科名：鹿科

特征：脑袋和脸都比较长，有圆锥形的大耳朵，还有眶下腺，裸露的鼻端，鼻子两侧和唇部都是纯褐色的

分布：亚洲、北美洲、非洲北部、欧洲南部和中部

食物：树叶、树皮、嫩枝、果实、草

标记领地的狞猫

狞猫是一种数量正在逐渐减少的猫科动物。它们性情机敏，一般在夜晚捕食，白天在干燥的旷野或是洞穴中休息。

沉默的狞猫

狞猫的叫声与豹子类似，但是它们平时不喜发出声音，捕猎的时候也是无声无息的，偶尔发出声音甚至会吓到附近的动物。狞猫的跳跃能力极强，可以捕捉鸟类作为食物。

小档案

科名:猫科
特征:雄性体型比雌性稍大,黑色的长耳朵由20条不同的肌肉控制着
分布:南亚西北部、西亚、非洲
食物:小兽、鸟类

领地意识极强的狞猫

狞猫有自己的领地,它们的领地意识极强,决不允许自己的地盘被侵占,它们会用尿液来标记自己的领地。狞猫一般以小家族为单位生活。

狞猫还是猞猁?

狞猫的外形与猞猁有相似之处,它们耳朵上都有笔毛生长,因此狞猫经常被误认为是猞猁。事实上,狞猫与猞猁并不是同类动物。狞猫体态纤长,尾巴也是长长的,毛色呈黄棕色或红棕色,也有些少见的黑色狞猫。狞猫的面部局部是黑色的,它们的耳朵背面和眼角到鼻子这条线均是黑色的。

爱装死的猞猁

猞猁是猫科动物且非常凶猛，它们擅长捕猎，对寒冷的耐受力强，生活在寒带地区也没问题。

谨慎的猞猁

猞猁几乎不会群居，它们喜欢流浪，不喜欢建造固定住所，它们总是独自行动，就像一个纯粹的流浪者。

猞猁非常小心，如果发现了危险，它们总是会立即爬到树上去躲避敌人，在敌人看不见自己的时候，它们会格外认真地打探敌人的虚实，估量双方的力量对比。如果来不及爬到树上隐蔽，它们就会立即倒在地上将自己伪装成死亡的样子，它的伪装非常高明，几乎达到以假乱真的地步，因此一些不吃死物的食肉动物就会绕开它们，它们就可以侥幸逃脱。

小档案

别称： 猞猁狲、欧亚猞猁、山猫、马猞猁、林曳
科名： 猫科
特征： 长得像猫，但是体型比猫大很多，粗壮的身体，短短的尾巴长度不及身体的 25%
分布： 亚洲北部、欧洲
食物： 野兔、鼠类

猞猁的笔毛

猞猁的两只耳朵十分独特，外形特别尖，尖端长着一撮耸立的笔毛。这笔毛有收集声音的功能，猞猁凭借它们可以准确而快速地找到猎物或躲避敌害。

"百兽之王"狮子

狮群中的狩猎工作主要是由雌狮完成的，它们配合默契，合作捕食，成功率很高。

小档案

别称: 狮

科名: 猫科

特征: 庞大的身躯十分均匀，又大又圆的脑袋，吻部比较短，中长的四肢具趾行性

分布: 印度、非洲撒哈拉沙漠以南

食物: 鸟类、爬行类、大型哺乳动物

雌雄差异较大

狮子雌雄差异极大，雄狮体形庞大，头颅更大，上面遍布着威武的长鬃。相比来讲，雌狮就小得多，它们的头部较小，短毛，体型仅相当于雄狮的三分之二左右。

威武的雄狮

雄狮的块头长得大，平时只负责吃和睡，但当狮群受威胁时，雄狮会挺身而出。它们平时很少参与狩猎，因为它们的大头颅过于醒目，十分容易暴露。

隐蔽专家

在炎热干燥的非洲，狮子如果隐蔽在灌木丛中，人们就很难找到它。狮子在夜晚拥有极好的视力，潜藏在黑暗中的动物在狮子眼底无所遁形。非洲狮子一般由10—30只构成一个大家族，它们的组织性很强。

狮群中最有战斗力的雄狮是它们的领袖，其余狮子必须听从它的命令。它们捕猎一般是家族制，一群狮子将猎物围追堵截，堵入包围圈。

"吸血鬼"水鹿

中国水鹿是一种长着獠牙的鹿，牙长约4英寸，因此，又被称为"吸血鬼鹿"。

毛发粗糙的水鹿

水鹿脊背上有从颈部延伸到尾部的深棕色纵纹，这是水鹿最典型的特征。水鹿毛色较深，雄性水鹿一般为黑褐色或深棕色，雌性水鹿整体毛色较雄性水鹿浅，夹杂有红色。水鹿体形高大，毛发粗糙。

喜欢水的水鹿

水鹿喜欢在水边进食，每逢盛夏，更喜沐浴在山间小溪中，因此被称为水鹿。水鹿是群居、夜行性动物。水鹿生性机警、灵敏。老虎和鳄鱼是水鹿的天敌。

小档案

别称：春鹿、黑鹿
科名：鹿科
特征：泪窝较大，鼻镜黑色，颈毛较长，尾端密生蓬松的黑色长毛
分布：中国、尼泊尔、印度、斯里兰卡、东南亚
食物：树叶、嫩芽、果实、草

水鹿的长角

水鹿的角呈独特的"U"形。角为三尖形，除前端外，余皆粗糙。底部为"角座"，水鹿只有雄性有角。水鹿的角很长，在鹿类中角的长度也是靠前的。一般长度不超过1米，最长的水鹿角可达1.25米。

大尾巴的松鼠

松鼠体形小巧，动作敏捷，长相
讨喜又乖顺，十分受人欢迎。

松鼠的好帮手

松鼠的尾巴毛茸茸的，看起来十
分蓬松，并且用处很大。尾巴是松鼠
生活中的好帮手，松鼠可以用它来保
持平衡、控制方向，减缓降落速度，冬
夏时分能保暖遮阴，还可以协
助渡河以及游泳，甚
至松鼠之间的部分
交流都靠尾巴。

多变的"衣服"

松鼠的毛皮随着季节的变化颜色
也会发生变化。一般夏季呈红色，到
了秋季会逐渐变为黑灰色。松鼠换毛
季为两期，分别是春天和秋天。松鼠
的换毛过程是缓慢发生的，一般由经
常接触地面的后腿开始，经由背部渐
至耳朵。

成熟的松鼠

松鼠成长过程缓慢，但是成熟较早。松鼠由初生至行动敏
捷，要经过一个半月的时间。松鼠8—9个月开始性成熟，第二
年就可以繁殖，寻找配偶。

小档案

别称:树鼠

科名:松鼠科

特征:身体长度大概为 20 厘米,尾巴的长度大
概为 15 厘米,体重在 3 千克左右

分布:中国的北部和南部、美洲、欧洲

食物:坚果、真菌

像骆驼的驼鹿

驼鹿在鹿这一科中体型最大、个子最高，它们与骆驼相似，肩膀要比臀部高，因此叫驼鹿。

驼鹿不是骆驼

驼鹿与骆驼十分相似，它们都有着高大的身躯、四条修长的腿，驼鹿高耸的肩部侧看像驼峰。驼鹿毛色棕褐，夏季比冬季颜色深。驼鹿整体形体粗短，头大脸长脖子短，眼睛却非常小，鼻子肥大且下垂，上嘴唇比下嘴唇长，尾巴只有7—10厘米。驼鹿没有上犬齿，这是它与其他鹿科动物不同的地方。驼鹿的喉部下面生有额囊，雄鹿的更为发达。

驼鹿的生存能力

驼鹿生活在寒带地区，为了适应严寒的气候，驼鹿进化出了许多生存本领。驼鹿动作灵活，能够在很深的积雪地里自由活动；驼鹿耐力持久，能够保持55公里的时速连续奔跑几个小时。此外，驼鹿的跳跃能力十分强大，虽然它体格庞大，却丝毫不影响它跃起取食。驼鹿经常潜水觅食水草，甚至能够横渡海峡。

温顺的小熊猫

小熊猫脚底有绒毛,毛质又厚又密,适合在岩石上行走,也可以在湿滑的苔藓地上行动。小熊猫性情温顺,很少出声。走路步态似熊,蹒跚而行,较为缓慢。小熊猫面部长相十分像猫,头部较圆。

爱干净的小熊猫

小熊猫和浣熊一样,十分注意清洁卫生,它们进餐后会用手掌清洗揉擦嘴、脸,用舌头舔干净嘴侧。小熊猫通常在固定的地方排便,粪便呈草绿色。

晒太阳的小熊猫

小熊猫被生长地所在的人们称为"山阿敦儿",因为它特别喜欢晒太阳。在阳光正好的时候,小熊猫常常会出现在大树顶上或者向阳的山崖。

小档案

别称: 红猫熊、红熊猫、金狗、九节狼

科名: 小熊猫科

特征: 长得像猫,但却比猫肥大一些,圆圆的脸,
脸颊上长有白斑,短吻,直立的大耳朵

分布: 中国、缅甸、不丹、印度、尼泊尔

食物: 树叶、箭竹、苔藓、野果、昆虫、小鸟

顶级国宝熊猫

熊猫有"动物活化石"之称。早在距今八百万年前的中新世晚期熊猫就出现了,它们保留了很多古老特征,具有极大的科学价值。

撒尿是地位的象征

最近几年,科学家发现了熊猫撒尿是个有意思的事情,撒尿是雄性野生熊猫彰显自己地位的一种方式。它们在撒尿的时候会用最大力气将尿撒到最高,撒尿的高度决定了它们在种群中的地位,撒越高越易获得雌性的青睐。

"猫熊"和"竹熊"

最初,人们对它们的称呼是"猫熊"或"大猫熊"。后来随着时间的流逝再加上书写格式的误差,久而久之就人们将"猫熊"误读成了"熊猫",因为误读的人越来越多,"熊猫"也就成了它们正式的名字。

熊猫又叫"竹熊",是因为熊猫主要的食物就是竹子。熊猫喜欢吃竹子,成年熊猫每天要进食 35 公斤左右竹笋或 15 公斤左右的竹叶和竹秆,大概要花费 14 个小时。

数量稀少的熊猫

熊猫数量十分稀少,目前自然生活的大熊猫在逐年减少,一方面因为熊猫的生活能力差,食物太过单一,繁殖能力和防敌能力较弱。另一方面因为山林被大量破坏,熊猫的生活空间被压缩,再加上气候环境和突发情况,让野生熊猫的数量无法增长。

别称：貊、竹熊、执夷、银狗、猫熊、杜洞尕、洞尕

科名：熊科

特征：身体胖嘟嘟的，有黑白两种颜色，圆脸颊，眼睛上有大大的黑眼圈，有锋利的爪子

分布：中国

食物：竹子

小档案

科名: 熊科

特征: 粗壮肥大的身体上布满又长又密的毛发,大大的脑袋,脸型和狗类似,长嘴巴,小眼睛、小耳朵,大臼齿很发达

分布: 亚洲、北美洲、南美洲、欧洲

食物: 青草、苔藓、嫩枝芽、坚果、浆果、蟹、鱼、蛙

极其顾家的熊

熊平时还算温和,但是如果被挑衅或者遇到天敌,它们就会变得非常暴烈,会进行非常激烈的打斗。

杂食的熊

熊经过漫长的进化与发展,已经由最早的完全肉食性动物演变为现在的杂食性动物了。目前只有生活在北极的北极熊比较特殊,它们只吃鱼和海豹。

发怒的熊

熊的性格十分温和,很多人看到熊的利爪和块头会误以为熊很暴躁,其实它们并不具备主动攻击性,它们也懒得和其他动物起冲突。但熊的地盘和幼崽是它的底线,如果对方触碰了它们的红线,熊就会发怒,熊发怒之后会极其危险和可怕。

笨拙还是灵活?

熊因为它们的体形总被认为是笨拙的、憨傻的,其实它们很灵活。熊并不都是大块头,马来熊就可堪称熊中的迷你熊,而且它们行动起来要比人类的速度快多了,在追赶猎物时即使是在崎岖的山路上,速度也飞快。

"雪山王者" 雪豹

雪豹因为其活动场所多为雪地及雪线附近而得名，它们经常在永久冰雪高山裸岩及寒漠带的环境中活动。

雪山上的王者

雪豹顾名思义，皮毛为灰白色，衬有黑色斑点及黑色环状斑。尾长而粗，是雪山上的王者。

昼伏夜出的雪豹

雪豹是夜行性动物，白天很少活动，多在高山裸岩睡眠休息，雪豹活动的高峰期在清晨及黄昏。雪豹动作灵敏，性情机警，擅长跳跃。雪豹行动的路线多为踩出来的固定的小路，路多靠近溪流山谷或山脊。

🔖 雪豹的繁殖

　　雪豹在求偶期时,会出现食欲不振、嘶喊的现象,此时雄性雪豹相遇会发生争斗。雪豹发情期多在1月—3月,雌性雪豹每次发情期会持续一周左右,交配时,雄性雪豹会发出特有的叫声。雌性雪豹若未受孕成功,那么间隔一至两个月后,会再次发情。

听觉灵敏的亚洲金猫

亚洲金猫是肉食性夜行动物,它动作灵敏,擅长攀爬。亚洲金猫在繁殖期成对活动,而平时均为独行。

听力甚好的金猫

亚洲金猫听觉十分灵敏,也是猫类中外耳最为灵活的一种,素有"活雷达"的称号。金猫十分凶猛,因此又被称为"黄虎"。

毛色复杂的金猫

亚洲金猫毛色较多,通过毛色和斑纹划分,大致可分为红金、灰金和花金三个色型,其中红金色的数量较多。亚洲金猫的三个色型彼此有区别但是也相互混杂,还存在过渡色的亚洲金猫。

小档案

别称:红椿豹、原猫、乌云豹、狸豹、芝麻豹
科名:猫科
特征:骨质轻薄的大头骨,顶部较平,但脑室部位又大又圆,有较宽的鼻骨
分布:中国、东南亚、中南半岛
食物:家鸡、幼兔、啮齿类、鸟类、小型鹿类

亚洲金猫的体态特征

亚洲金猫的体态在猫科动物中算中等。它体长1.1—1.6米,尾巴长度是体长的三分之一,有的金猫尾巴可达体长一半左右。亚洲金猫雄性体重较重,约为13公斤,雌性较雄性轻,约为雄性体重的一半。

喜马拉雅旱獭的活动高峰期一般是在早晨和黄昏。它们早上出洞的时间是按照当地太阳照射到洞口的时间来确定的。喜马拉雅旱獭有很多天敌，所以它们平日非常注意防范天敌，如果天敌出现在它们的领地，它们就会发出非常尖锐的叫声。喜马拉雅旱獭十分注重安全，它们每次出洞前都会张望一番，待到确认安全后，才会露出半个身子。傍晚日落之后，它们就会回到洞中，为了安全，夜间不再出来活动。

睡不醒的喜马拉雅旱獭

旱獭会传染疫病，因为它带有鼠疫等病原体，身上的寄生虫会传播鼠疫，感染给人类，造成极大的危害。

小档案

别称：雪猪、草地獭、土拨鼠、哈拉、曲娃（藏语）
科名：松鼠科
特征：粗大肥壮的身体，颈部粗，吻部阔大，小耳朵，细眼睛，粗短的四肢上有利爪
分布：青藏高原及其边缘山地
食物：地衣、苔藓、花、根、浆果、草

勤劳的喜马拉雅旱獭

喜马拉雅旱獭是穴居动物，一般会挖临时洞和栖居洞两个洞穴。栖居洞有冬洞和夏洞两种类型。喜马拉雅旱獭对洞穴的要求不高，它们的栖息洞区别不大，冬洞和夏洞都可以用来繁殖和夜间休息。临时洞相比栖居洞的构造更简单。旱獭通常以家庭为单位共同生活，幼崽长大后会离开父母。

睡不醒的喜马拉雅旱獭

每年9月份，喜马拉雅旱獭就开始为冬眠做准备，开始囤积脂肪了。10月来临时，它们就开始冬眠了。喜马拉雅旱獭冬眠时，不吃东西也不活动。喜马拉雅旱獭的冬眠时间长达6个月，要到来年的4月才会苏醒。

◣ "注重义气"的羊驼

羊驼非常"注重义气",在集体逃跑的过程中,如果它们的首领受伤了,一部分羊驼会自动留下来,将它围在中间围成一个圈,用鼻子拱它,直到看到它站起来才行。

◣ "吐口水"的羊驼

羊驼属于美洲驼的一种,它的制胜法宝是"吐口水",它的口水是胃里挤出来的,混杂着各种不同消化程度的草料,味道会让敌方终生难忘。它们吐口水的动作非常熟练,又准又快,能够直接打到对方的脸上,从而趁机逃跑。

性情温和的羊驼

羊驼长相像羊、像马,又像骆驼,它的性格极其温和,乐意与人接触。

小档案

别称: 草泥马

科名: 骆驼科

特征: 小脑袋,尖尖的大耳朵直立着,隆起的鼻梁,细长的脖颈,没有驼峰

分布: 厄瓜多尔、秘鲁、智利、玻利维亚

食物: 高山棘刺植物

温和的羊驼

羊驼的温柔体现在方方面面。它们在食用草叶时，会温柔地咀嚼，不会刨掉植物的根茎，更不会因饥饿把所见的食物吃得丁点不剩，即使在干旱和食物匮乏的时候，它们也保持着这样的习惯。此外，羊驼的叫声也很温和，据说羊驼之间是通过身体摆动和柔和的"哼唱"进行交流的。它们从不和其他动物争执打斗。

糟蹋庄稼的野猪

很多人们十分不喜欢野猪，因为它们经常破坏人们辛勤劳动的成果。它们经常踩踏田地、翻倒竹林和破坏庄稼。

青面獠牙的**野猪**

野猪生活地域广阔，适应性强，它们成群结队，少则四至十只，多则近百只。它们常常栖息在平原、森林等地，在海拔甚高的山上也有它们的身影。

可口的野猪

野猪对于其他大型食肉动物来说十分可口，因此多数野猪无法活到成年。虽然野猪有长长的獠牙用以自卫，却几乎无法对捕食者造成伤害。诸如狮子，它的菜单里就囊括了各种体型的野猪。

凶猛的野猪

野猪一般不会主动捕食其他动物，它们的食谱驳杂，几乎不挑食，任何东西都可以拿来果腹。野猪的主要找食工具就是它们的鼻子，它们用鼻子翻找土地。家猪就继承了它们的祖先——野猪这一特点。野猪长相十分凶猛，雄性野猪口部长有獠牙。野猪跑起来速度很快，在水中也能行动自如。

适应能力强的印度灰叶猴

印度灰叶猴对栖息地的适应性极强,拉贾斯坦邦沙漠边缘的干旱地区有印度灰叶猴的分布,西高止山脉的热带常绿雨林也有它的身影。

小档案

别称:孟加拉长尾叶猴、北平原灰叶猴
科名:猴科
特征:身体的发毛为灰色和褐色,背部有红色,腹部则有白色的皮毛
分布:孟加拉国、印度
食物:树叶

会"轻功"的灰叶猴

　　灰叶猴跳跃能力高超,堪称一绝,它能从 12 米高的树上一跃而下,轻松跃至地面, 能纵身跳跃距离可达 8 米之远。印度灰叶猴在跳跃时,身后的长尾巴总是高翘在身后,模样十分神气。

成群结队的灰叶猴

　　印度灰叶猴是群居动物,规模从十余只的小群体到百余只的大群体不等。灰叶猴每天有个必做的活动,就是互相理毛,这一活动每天要花费 5 个小时。灰叶猴会发出"鸣波"的叫声,声音低沉,既有联络的功能,又有警告其他种群的作用。

别称:貂、大叶子、林貂、赤貂、貂鼠、黑貂
科名:鼬科
特征:狭长的头部有一对又短又圆的耳朵,有发
达的犬齿,上臼齿横向排列
分布:中国、日本、西伯利亚、乌拉尔山
食物:小鸟、鱼类、鼠类

擅长爬树的紫貂

紫貂虽然更多时候在地上行动,但是也很擅长爬树追捕猎物。在冬季食物短缺的时候,它们就会来到低山地带,直到春暖花开时再返回。

🔖 爬树能手

　　紫貂体态娇小，体重较轻，身体瘦长，四肢短小。紫貂的寿命大概 10 年左右，最长可存活 15 年。紫貂十分娇健，前后爪均有五个趾，脚上有肉垫，紫貂的爪子十分锐利，十分有利于爬树。

🔖 紫貂的活动范围

　　石缝、树洞及树根下是紫貂筑巢的地方，紫貂是定居动物，但不走运的时候，比如食物短缺或气候变化时，它们就要搬出巢穴，外出游荡，住进简单的临时休息的地方。

🔖 活泼的紫貂

　　紫貂在行进中总是停停跑跑、左右摆头、边嗅边走，有时会抬头四处张望，让人觉得十分活泼。紫貂在路上行走时喜欢小步跑或者是跑跳，当紫貂捕捉食物和躲避敌人时，就会变换步态，连跑带跳，纵跳最远距离可以到达 0.3 米。

漂亮自由的紫羚

紫羚的角非常漂亮,这是它们吸引异性的工具,即使是在繁殖季节,雄紫羚之间也不会产生激烈的争斗,因为它们害怕损坏双角。

大体型的紫羚

山地紫羚和低地紫羚是紫羚的两大分支。其中山地紫羚是最大也是最重的一种,其中雌羊体重 210—235 公斤,雄羊更重,体重可达 240—405 公斤。

胆小的紫羚

紫羚的胆子很小,丁点的风吹草动也会吓得它逃之夭夭。紫羚的奔跑速度很快,且活动时间多集中在黎明和黄昏,因此想见到这种动物,十分不易。

自由的紫羚

紫羚生活在隐秘的密林地区，那里基本没有食肉动物的侵扰，一般以家庭为单位生活，十分自由。在非繁殖季时，成年雄性会离群独自生活。

紫羚与大多数食草动物一样，喜欢舔食盐和碱土来补充盐分，舔食草木灰也是它们获取盐分的方式。

小档案

别称:紫林羚、紫羚羊

科名:牛科

特征:红褐色的皮毛上有细小的白色条纹，头顶的角呈螺旋状向后弯曲

分布:肯尼亚、非洲西部

食物:植物的幼芽、嫩枝、叶子和草类

鬃狼的外表乍一看十分像狐狸，它们同狐狸一样，有着棕红色的毛皮、尖耳朵和蓬松的尾巴。但是它们与狐狸也有很多不一样的地方。

鬃狼的四肢高挑，有利于望远，可以帮助觅食和躲避。鬃狼的名字源于它们脖子上的鬃毛，它们的鬃毛可以竖起来，起到扩大身体轮廓的作用，从体形上恐吓对手。

爱素食的鬃狼

鬃狼一般成对或单独生活，同时它们还保持着一夫一妻制。

素食主义者

鬃狼的食谱在狼族中是一个独特的存在。它们的食物中水果和植物占了一半以上，它们的犬齿并不发达，这也是它们"吃素"的原因之一。鬃狼对素食十分挑剔，它们只食用营养丰富又汁水充沛的果实和块茎，为了营养均衡，偶尔食用一些小动物。

鬃狼的规律作息

鬃狼的作息十分规律，主要特征为昼伏夜出。鬃狼夜间外出捕食，凌晨至清晨是鬃狼活动的高峰期。日出之后，鬃狼就不再活动。鬃狼也用犬科动物的通用方式——尿液来标记地盘范围。

小档案

别称: 南美狼、巴西狼

科名: 犬科

特征: 身体两侧有红褐色皮毛,黑色的背部和腿部,而尾巴尖端和喉咙处是白色的

分布: 巴拉圭、玻利维亚、阿根廷、巴西、秘鲁

食物: 水果等植物、小型哺乳动物、啮齿动物

单独行动的棕熊

棕熊属食肉目，体形健硕，肩背隆起，背毛粗密，颜色各异，是体形最大的陆地哺乳动物之一。

颜色不同的棕熊

在美洲生活的棕熊毛色较浅，末梢毛发呈现银灰色，因此美洲的当地人称棕熊为"灰熊"。棕熊的脚掌颜色并不是固定的，不同地区的棕熊颜色都不一样，有的是全黑，有的是巧克力棕色或者灰色，还有的是红色，或者淡棕色，等等。

小档案

别称：灰熊
科名：熊科
特征：又大又圆的头，健硕的身体上有隆起的肩背，身上的毛又粗又密，颜色都不相同
分布：亚洲、北美洲、欧洲
食物：动植物都吃

破坏力强的爪子

棕熊的前臂力量很大，挥舞的前臂是它强大的武器，前爪的爪尖细长且无法收回。因此，棕熊的爪尖相较其他动物来说比较粗糙没有尖头，就是这样"粗钝"的爪子却可以造成极大的破坏。

独来独往的棕熊

棕熊喜欢在森林中独来独往，繁殖期和抚幼期会成对出现。每头棕熊都有自己的领地，它们会在树上留下痕迹作为领地标志，有的用嘴咬、有的用爪子抓挠、有的用身体磨蹭，用各式标志告诫其他同类不可侵犯。

善于伪装的云豹

云豹壮，尾巴粗长，爪子很大，头圆口突，奔跑起来
十分矫健。

▶ 擅长攀爬的云豹

云豹经常在树上活动，它的尾巴十分有利于保持身体平衡，它们十分擅长攀爬。云豹一般在夜晚、清晨和傍晚活动，它们埋伏在树上，当有猎物经过时，伺机而动。到了白天，云豹会在树上睡觉休息。

▶ 伪装的云豹

云豹毛色为金黄色，体表有大块的深色云状斑纹，这也是它得名的原因。斑纹边缘颜色较深，中心呈暗黄色，因此又被称为"龟纹豹"。云豹的皮毛是它天然的伪装，当云豹潜伏在树上时，很难发现它的存在。

▶ 云豹的体型

云豹的体形比金钱豹和雪豹小，比石纹猫大，是大型猫科动物中较小的一种。云豹体长 0.7—1.1 米，尾巴很长，长度约是身体长度的五分之四，肩高 60—80 厘米，体重雄性与雌性相差较大，雄性最重可达 40 公斤，一般在 23—30 公斤，雌性体重一般为 16—22 公斤。